看！它们都有六条腿

（意）吉娜·弗雷斯特／文图　　百舜翻译／译

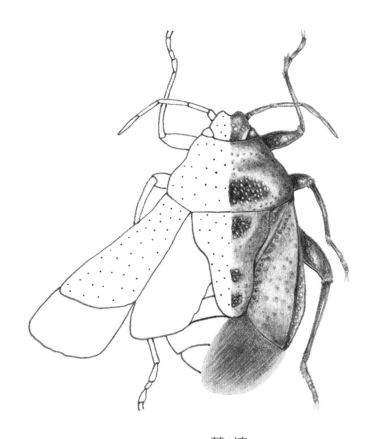

蓝 蝽

现代教育出版社
Modern Education Press

中国图书进出口（集团）总公司
CHINA NATIONAL PUBLICATIONS IMPORT & EXPORT GROUP CORPORATION

它是昆虫吗？

当你发现了一只小动物，想知道它是不是属于昆虫时，你就要仔细观察一下。

如果它的身体分为三部分（头部、胸部和腹部），而且胸部有三对足，那么它就是昆虫。所有的成年昆虫都是这种构造。

在开始之前，我们先认识一下书里会出现的几个象征符号：

♂：雄性昆虫
♀：雌性昆虫
⚠：叮咬或蜇人的昆虫

在观察时要小心点哦，这不是开玩笑，要远远地观察，小心地处理。与你相比，它们太小了，它们会利用可以用的一切手段来保护自己。

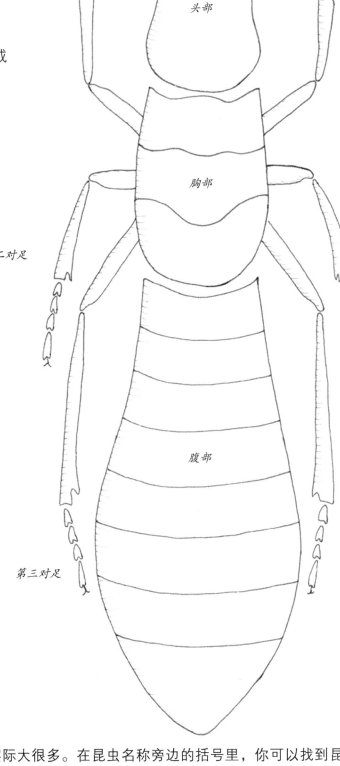

第一对足

头部

胸部

第二对足

腹部

第三对足

为了便于观察和学习，这本书的昆虫图片都比实际大很多。在昆虫名称旁边的括号里，你可以找到昆虫的实际大小。如果没有任何说明，则意味着图片与实际尺寸大体相符。

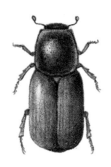

欧洲橡木小蠹（dù）(3 mm)：名字旁边的数字表示这个昆虫的实际大小

它的大小差不多就是这样：▮
观察它需要用放大镜！

眼睛

昆虫的眼睛不像我们人类的眼睛，它们是复眼，由成千上万个小眼组成。它们看世界的方式与我们截然不同：它们不会分辨出我们看到的某些颜色，但是对紫外线非常敏感。它们也很擅长发觉细微的小动作。

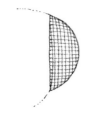

通常复眼位于昆虫头部的两侧。

有的昆虫复眼非常大以至于它们都连在了一起形成了眼面。
（详见第10页）

有的昆虫在头顶部有2~3个单眼，这些单眼使它们对光线更敏感。

触角

昆虫不只是用眼睛来观察世界，它们还可以通过头上的触角检测到很多信息。想象一下，通过一种工具完成嗅觉和触觉的功能，并能够与家族之间沟通，昆虫的触角就可以做到这些，甚至更多。

昆虫的触角形态各异，把它们画出来会是一件很有趣的事情，你想试试吗？

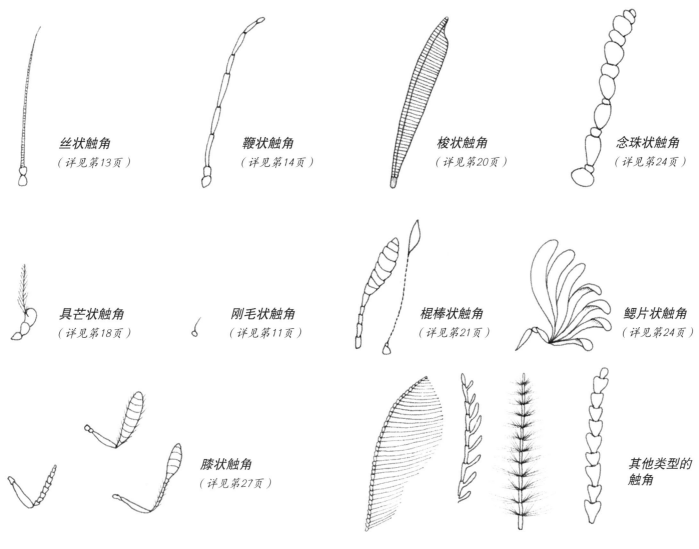

丝状触角
（详见第13页）

鞭状触角
（详见第14页）

梭状触角
（详见第20页）

念珠状触角
（详见第24页）

具芒状触角
（详见第18页）

刚毛状触角
（详见第11页）

棍棒状触角
（详见第21页）

鳃片状触角
（详见第24页）

膝状触角
（详见第27页）

其他类型的触角

口器

口器就是昆虫的嘴巴。每种昆虫都有自己喜欢的食物类型，比如花蜜、树液、植物纤维组织、叶子、水果，还有血液和没有什么防御能力的小猎物，等等。不过选择哪种饮食类型取决于它们有什么样的嘴巴，因为这样才能更好地进食。下面这些就是不同昆虫的口器。

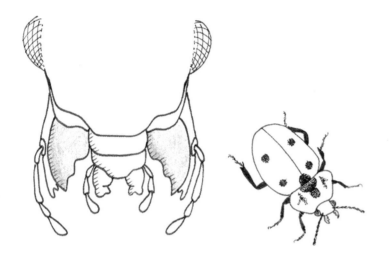

咀嚼式口器：
这种口器可以咀嚼植物或小动物的固体组织。
（详见第10、12、22页）

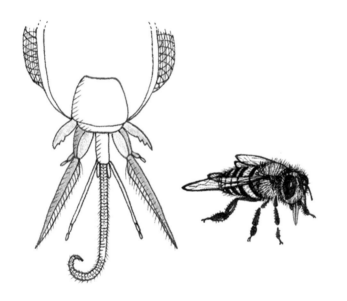

嚼吸式口器：
这种口器构造复杂。除大颚可用作咀嚼或塑蜡外，中舌、小颚外叶和下唇须合并构成复杂的食物管，借以吸食花蜜。
（详见第26页）

虹吸式口器：
这种口器是以下颚的外叶左右合抱成长管状的食物道，像吸管一样，盘卷在头部前端下方。蝴蝶或蛾拥有这样的口器，当蝴蝶在花朵上采蜜时，会展开吸管伸到花萼的底端吸取花蜜。
（详见第19页）

舐（shì）吸式口器：

主要由一根吻管构成，必要时向外膨胀，用以收集物体表面的汁液。你可以观察一下刚从地板上捡起的那只苍蝇。

（详见第18页）

刺吸式口器：

蚊子的口器就属于这种刺吸式口器。你应该领教过的，不是吗？这种口器不能吸食固体食物，只能刺入组织中吸取汁液。上、下颚和上、下唇形成了刺穿猎物皮肤的针管，里面有一个舌，在刺穿的过程中，吸吮液体。

（详见第17页）

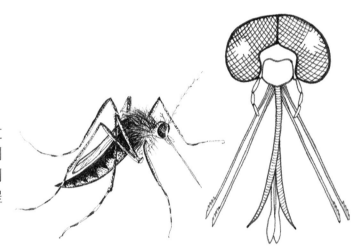

刺吸式口器：

蝽象的口器也属于刺吸式口器，被称为喙，像一把短剑一样，不用时沿着身体藏在头部下方；进食时，会向前伸展，用于刺穿动植物组织并吸食其中的汁液。

（详见第14页）

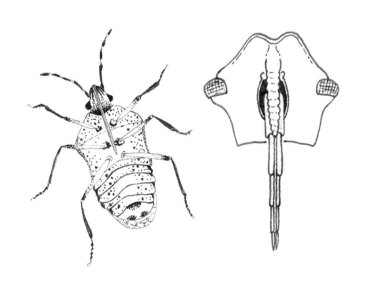

翅膀

并不是所有的昆虫都有翅膀：有些昆虫从来就没有翅膀，而有些昆虫是在演化过程中退化的。那些决定继续飞行的昆虫，有着各种各样的翅膀。

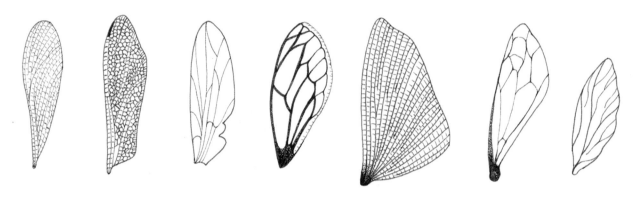

膜翅目昆虫的翅膀是透明的，具有明显或不明显的翅脉，有些略带颜色。
有的昆虫，靠近头部的前翅是不透明的，会或多或少的硬化，盖住并保护下面的膜翅。
例如：

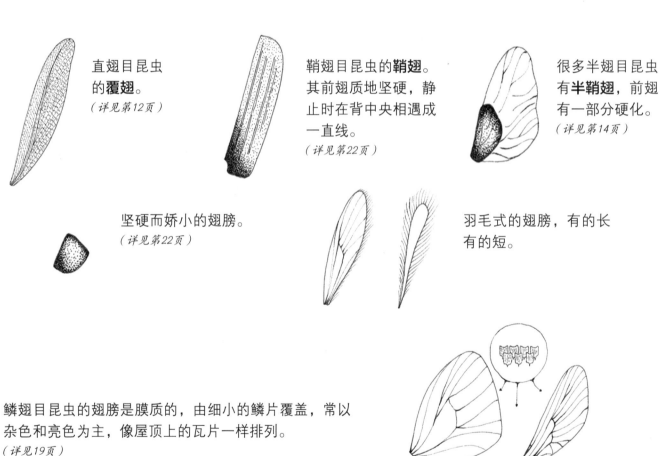

直翅目昆虫的**覆翅**。
（详见第12页）

坚硬而娇小的翅膀。
（详见第22页）

鞘翅目昆虫的**鞘翅**。其前翅质地坚硬，静止时在背中央相遇成一直线。
（详见第22页）

很多半翅目昆虫有**半鞘翅**，前翅有一部分硬化。
（详见第14页）

羽毛式的翅膀，有的长有的短。

鳞翅目昆虫的翅膀是膜质的，由细小的鳞片覆盖，常以杂色和亮色为主，像屋顶上的瓦片一样排列。
（详见19页）

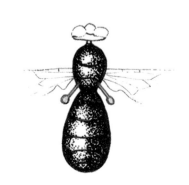

在双翅目昆虫中，后翅均已演化成一对棒槌状的器官，在飞行时用以协助平衡。你可以在苍蝇身上找到它。
（详见第17和18页）

足

昆虫有六只足，用于爬行，为了完成各种功能，它们会演化多种形态（有时只使用前面的一对足或后面的一对足）。

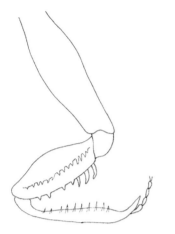

一些昆虫的足可以变成厉害的武器来捕捉猎物。
（详见第15页）

有些昆虫，会把足当做铁锹用来挖地。
（详见第13页）

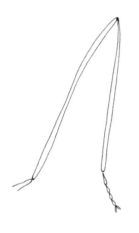

有些昆虫的足很细，可以浮在水面上。
（详见第15页）

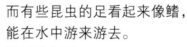
而有些昆虫的足看起来像鳍，能在水中游来游去。
（详见第15页）

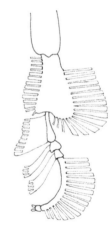

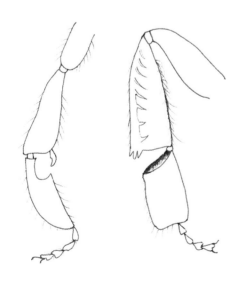

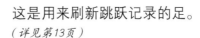
这是用于携带花粉的足部。
（详见第27页）

这是用来刷新跳跃记录的足。
（详见第13页）

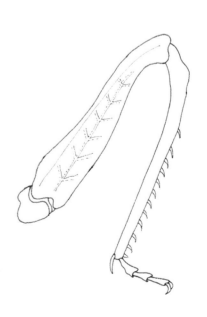

会变的器官

有些昆虫器官是会变化的，你见过吗？比如用于辨别性别的器官在一定情况下就会发生变化。让我们来认识一下它们！

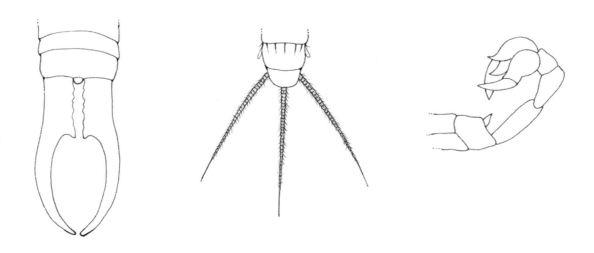

在昆虫腹部的侧下方，你可以找到各种类型的附肢，形状有钳形、尾须状、蝎刺形等。*（详见第28页）*

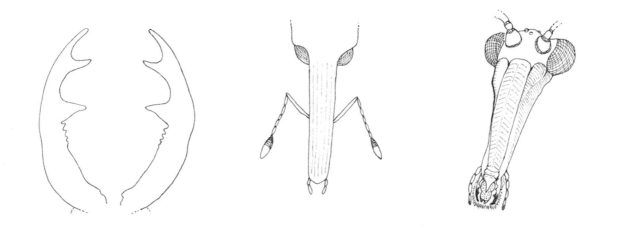

一些昆虫的头部有时也会有特殊的特征，如高度发达的颚*（详见第25页）*，细长的喙*（详见第25和28页）*。

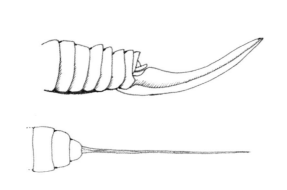

如果你在一种昆虫腹部的末端看到一个明显的产卵器，那说明这是一只雌性昆虫。*（详见第12、26、27页）*

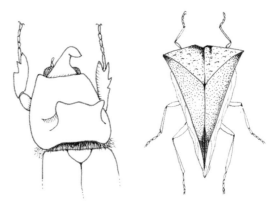

在某些情况下，这是一类有助于识别昆虫特征的形体。

开始观察它们吧

观察昆虫一开始可能并不容易，因为它们会跳、飞、移动，但你只需问自己这些问题就够了：它有几对翅膀？它属于什么类型？它的触角是丝状还是羽毛状？它的身体是什么形状的？它的足和口器是什么样的？

具有相似特征的昆虫被分为一组，并称为"目"。在每一种目中，你可以做出更加详细准确的区分，如：亚目、总科、科等，以及你所观察的昆虫的性别和种类。

目前世界上已经发现了大约一百万种昆虫。今天我们可以试着去了解你所发现的昆虫到底属于哪个目。

每个昆虫都由许多部分组成：翅膀、触角、嘴巴……我们必须学会识别它们是如何工作的，以了解它们到底属于哪类昆虫。

下面几页中的内容可以帮助你找到答案，每个目都有自己的特点。

这些只是昆虫的主要目级分类单元。看看你观察的昆虫属于哪一个目呢？

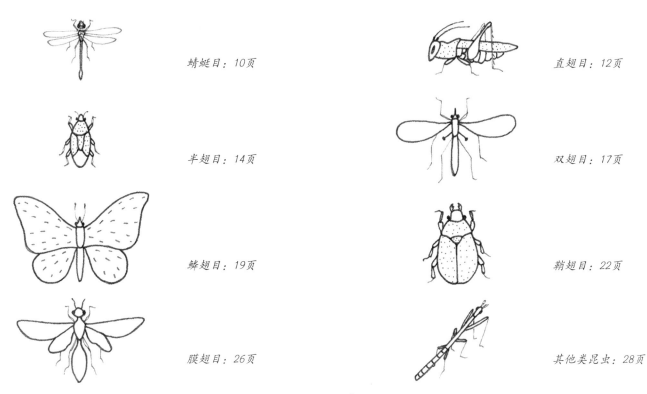

蜻蜓目：10页

直翅目：12页

半翅目：14页

双翅目：17页

鳞翅目：19页

鞘翅目：22页

膜翅目：26页

其他类昆虫：28页

9

蜻蜓目

蜻蜓目主要有两个亚目：束翅亚目和差翅亚目。束翅亚目，俗称蟌（cōng），体形较小，飞行较慢，有4个对称的翅膀和分开的两只眼睛；差翅亚目，俗称蜻蜓，体形较大，飞行较快，有两对不同的翅膀，眼睛聚在一起形成一个眼面。它们都有咀嚼式口器。

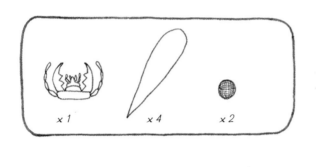

束翅亚目

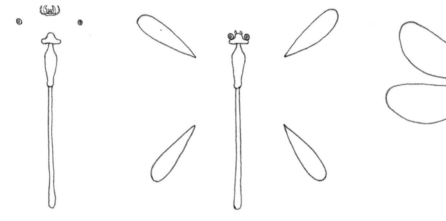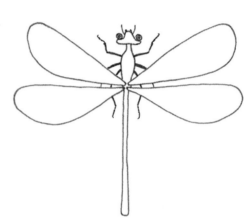

差翅亚目

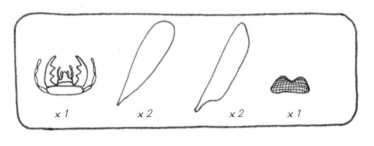

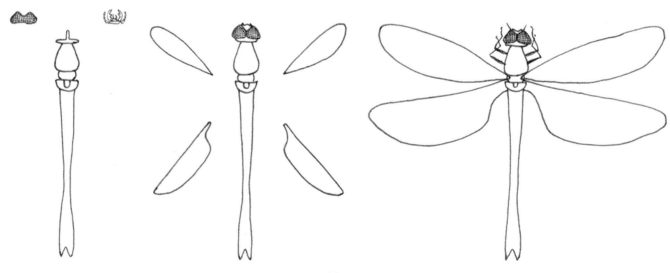

10

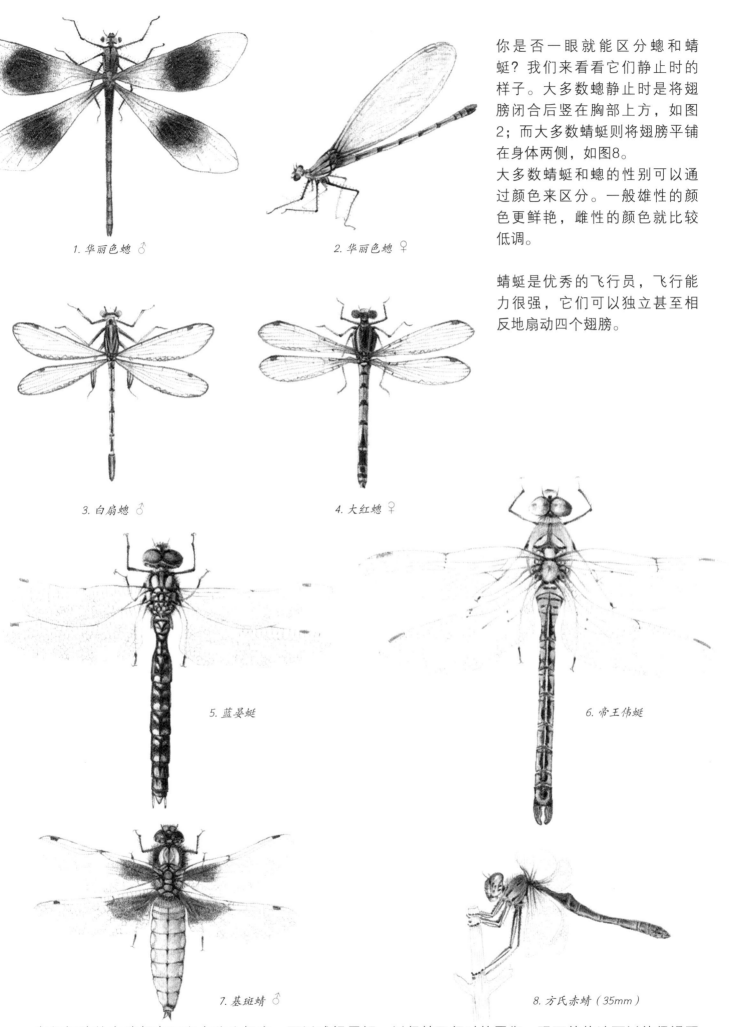

你是否一眼就能区分螅和蜻蜓？我们来看看它们静止时的样子。大多数螅静止时是将翅膀闭合后竖在胸部上方，如图2；而大多数蜻蜓则将翅膀平铺在身体两侧，如图8。

大多数蜻蜓和螅的性别可以通过颜色来区分。一般雄性的颜色更鲜艳，雌性的颜色就比较低调。

蜻蜓是优秀的飞行员，飞行能力很强，它们可以独立甚至相反地扇动四个翅膀。

1. 华丽色螅 ♂

2. 华丽色螅 ♀

3. 白扇螅 ♂

4. 大红螅 ♀

5. 蓝晏蜓

6. 帝王伟蜓

7. 基斑蜻 ♂

8. 方氏赤蜻（35mm）

它们翅膀的末端都有厚斑点称为翅痣，可以减轻震颤，以保持飞行时的平衡。眼面的构造可以使得视野更加宽阔。

它们厉害的咀嚼式口器可以捕捉猎物，并能做到边飞边吃，这似乎不太优雅，哈哈！

直翅目

该目有蚱蜢、蟋蟀和蝗虫。哪一类是你一眼就能识别出来的？这些昆虫的前翅为覆翅，比较硬，后翅为扇状膜翅，不飞行时折叠在一起。前翅覆盖在后翅上，称为翅盖。蟋蟀属于螽（zhōng）亚目，它们有两根细长的触角，比身体还长，雌性螽亚目昆虫有一个很明显的类似于军刀的产卵器。而蝗亚目，触角较短，产卵器不可见。

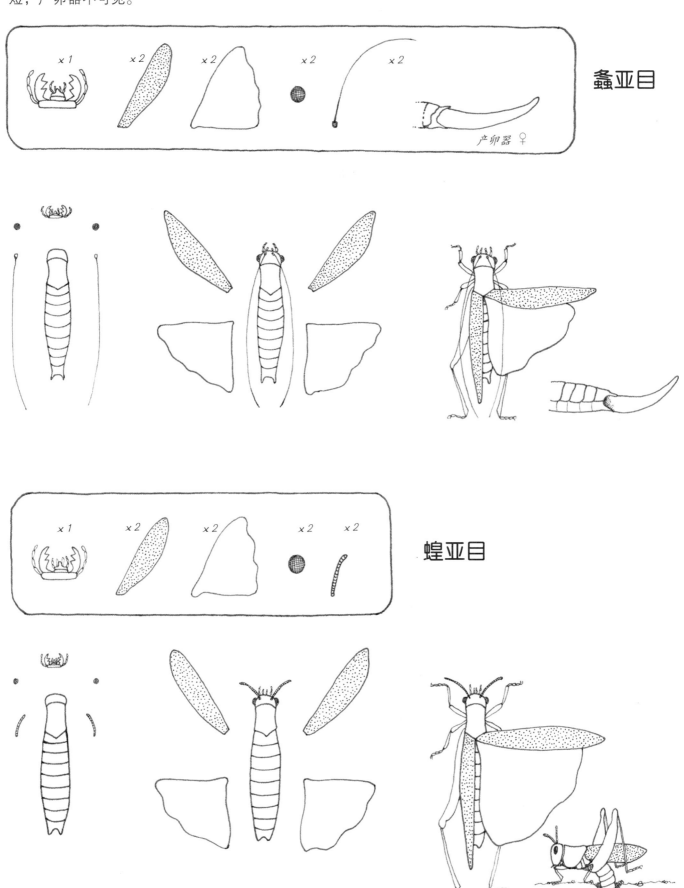

生活在草地上的直翅目昆虫多呈绿色；而呈褐色和灰色的直翅目昆虫习惯栖息在岩石和干燥的土壤上。你是在哪里观察昆虫的呢？

"拟态伪装"就是融入周围环境伪装起来的一种形式。直翅目昆虫并非仅有这一种防御能力，一些物种还具有五颜六色的膜翅，在飞行中展开来吓唬敌人，如图5。有的直翅目昆虫还会吐出一种棕色液体来吓退敌人。

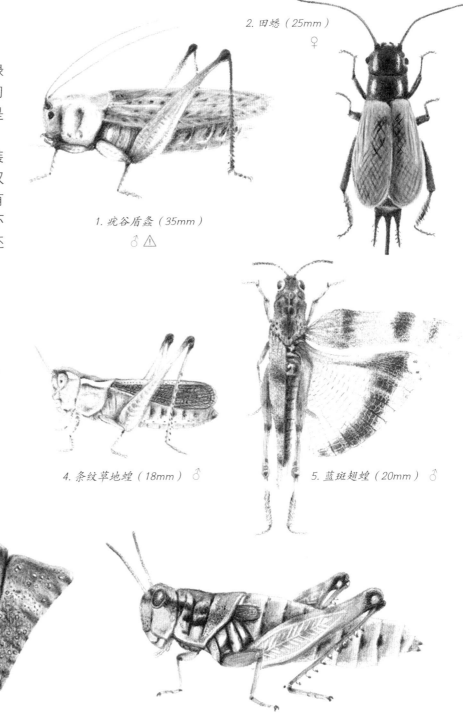

2. 田蟋（25mm）♀

1. 疣谷盾螽（35mm）♂ ⚠

3. 绿丛螽 ♀ ⚠

4. 条纹草地蝗（18mm）♂

5. 蓝斑翅蝗（20mm）♂

6. 埃及蝗

7. 山蝗（26mm）♀

8. 普通剑角蝗（38mm）♂

有一些昆虫的口器较大，可能会咬人，所以观察时一定要小心，比如图1和3。

如果你想画出这些昆虫，注意有的种类，比如埃及蝗（图6），除了明显的条纹眼之外，它还有一个背板，在胸部上方呈马鞍型，有特定的褶皱、凹陷或隆起。

当你仔细画昆虫的每一部分时，你会有更多的发现。例如很小或无翅种类的山蝗（图7）和具有特殊触角的普通剑角蝗（图8）。

田蟋（图2）和欧洲蝼蛄（图9）也属于螽亚目，其雌性没有可见的产卵器。

9. 欧洲蝼蛄（48mm）

半翅目

刺吸式口器是半翅目的主要特征,这类昆虫多为六角形或椭圆形,背面平坦,上下扁平。在半翅目中,一个比较容易辨认的群体是异翅亚目,它们的前翅基根部革质,端部膜质,后翅全部膜质或退化。

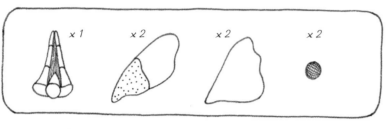

半翅类-异翅亚目

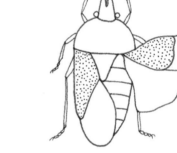

你有观察过一只异翅亚目昆虫吗?在观察时主要看它的躯体形状、背板的特点和盾片的形状。它们背部的盔甲看起来像个披肩,而盾片是位于两个半鞘翅之间、背板的下方的三角形部位。

图1到图5是异翅亚目昆虫,它们属于蝽科,如果它们被碾碎,会发出臭臭的气味。

你可以从宽碧蝽(图2)中区分出稻绿蝽(图3),它们的区别是在与前胸背板连接的地方,稻绿蝽的盾片上有三个小白点,你仔细看,是可以用肉眼看到它们的。在观察黑红条蝽(图5)时,你可能会注意到它有一个很大的盾片,覆盖整个背部,上面有明显的条纹。那么它的肚子是否有条纹呢?记得观察时看一看哟。

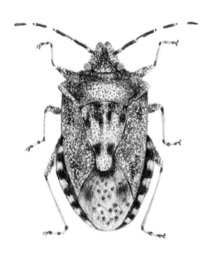

1. 云斑润蝽(16mm)

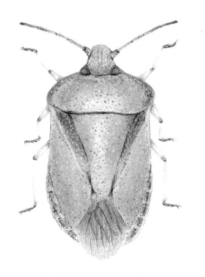

2. 宽碧蝽(15mm)

3. 稻绿蝽

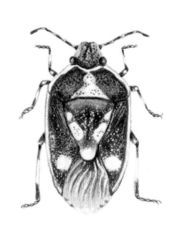

4. 菜蝽(7mm)

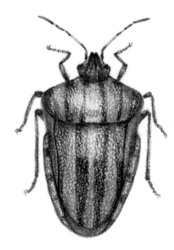

5. 黑红条蝽(10mm)

有些异翅亚目昆虫的背板比较凸出且多角，如图6；有的躯体更薄更长，见图9、10；有的翅膀没有膜质，如始红蝽（图7），它的若虫（图8）也可以发现这一特征。

有的异翅亚目昆虫生活在水里，腿上覆盖着疏水性毛发如图13，因此可以在水面上滑行。还有些是熟练的游泳运动员，比如仰泳蝽（图11）会仰泳，游泳的样子如图12。被灰蝎蝽和仰泳蝽蜇伤后并没有很大的危险，但却很疼，所以你在河里玩水时一定要小心。

谁会叮咬？谁又吸取植物汁液？吸取植物汁液的昆虫对植物来说是一种害虫。就像小而奇特的悬铃木方翅网蝽（图15），想要观察它们，你可以在树叶或树皮上找一找。

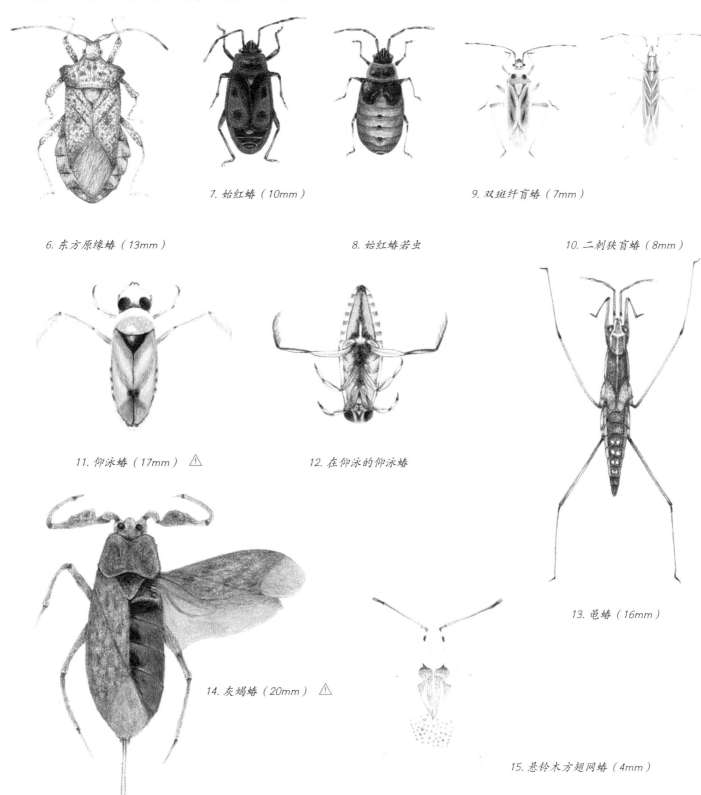

7. 始红蝽（10mm）

9. 双斑纤盲蝽（7mm）

6. 东方原缘蝽（13mm）

8. 始红蝽若虫

10. 二刺狭盲蝽（8mm）

11. 仰泳蝽（17mm） ⚠

12. 在仰泳的仰泳蝽

13. 黾蝽（16mm）

14. 灰蝎蝽（20mm） ⚠

15. 悬铃木方翅网蝽（4mm）

蔷薇长管蚜属于蚜虫科，也是半翅目的一种（图16和17），它们非常小，但对植物来说它们是害虫。

叶蝉科是半翅目昆虫的一大类别，该物种与其他半翅目的昆虫有很大的区别：翅膀全部膜质或全部硬化，在某些情况下也会没有翅膀。仔细观察一下你的昆虫是哪一种？

半翅目沫蝉科的昆虫（图18和19），形状多为椭圆形，它们是优秀的跳高运动员。长沫蝉会把若虫放在气泡里。

你观察的昆虫是大青叶蝉（图20），还是从背部看起来像一头公牛的角蝉（图21）？

它属于微型木虱（图22或23）还是属于叶蝉科？

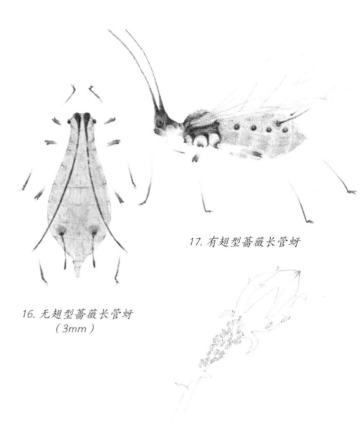

17. 有翅型蔷薇长管蚜

16. 无翅型蔷薇长管蚜
（3mm）

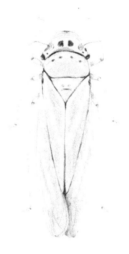

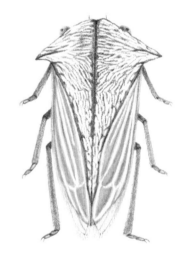

18. 长沫蝉（9mm）　　　*19. 红沫蝉（8mm）*　　　*20. 大青叶蝉（9mm）*　　　*21. 角露盾角蝉（9mm）*

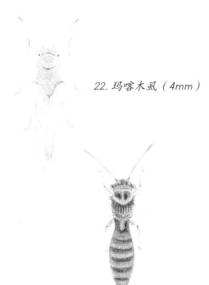

22. 玛喀木虱（4mm）

23. 裴喀木虱（4mm）

24. 褐蝼蝉（40mm）

你听过蝉的叫声吗？通过它们的叫声你可以在树上找到它们。雄性的蝉通过腹部器官发出声音；而雌性蝉是不会发声的。

双翅目

双翅目昆虫有两个翅膀，或者说如果后翅没有退化成平衡棒，则会有两对翅膀（详见第6页）。
你能够用肉眼看到平衡棒吗？在有些物种中是可以直接看到的，有的则被翅膀或保护膜遮盖。

双翅目昆虫一般拥有舐吸式口器，也有的是刺吸式口器。可分为两个亚目：长角亚目和短角亚目。长角亚目，触角呈丝状或羽毛状，较长；短角亚目，触角较短。

长角亚目

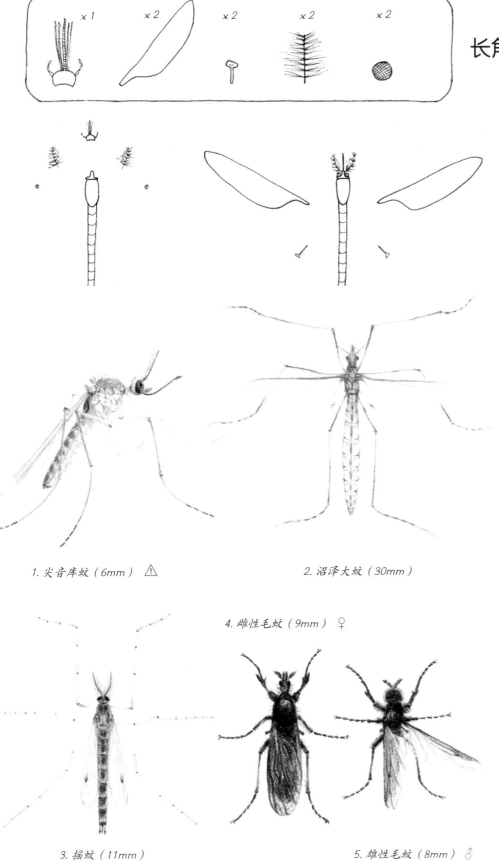

1. 尖音库蚊（6mm） ⚠

2. 沼泽大蚊（30mm）

4. 雌性毛蚊（9mm）♀

3. 摇蚊（11mm）

5. 雄性毛蚊（8mm）♂

长角亚目的蚊子和短角亚目的苍蝇谁最烦人似乎很难断定。蚊子的表兄妹是虎蚊和白蛉。

并不是所有的蚊子都叮人。例如大蚊，它比普通的蚊子大得多，但没有刺吸式口器。它看起来个头很大，或许没有人敢靠近，但它并不会叮人，所以你可以鼓起勇气把它赶走。

如果你看见了大蚊，可以观察它的平衡棒，这是用肉眼可以看到的。

17

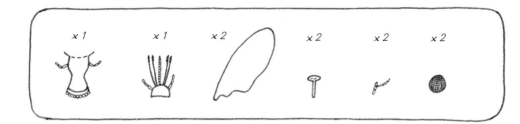

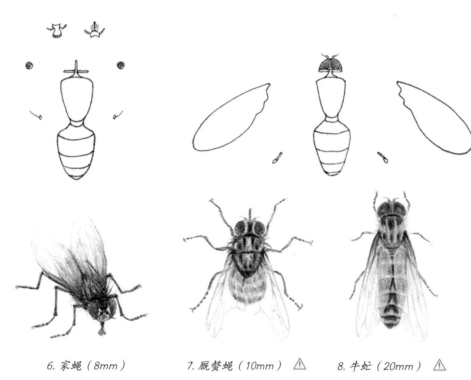

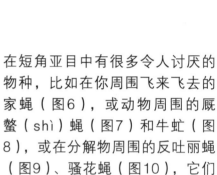

6. 家蝇（8mm）   7. 厩螫蝇（10mm）⚠   8. 牛虻（20mm）⚠

在短角亚目中有很多令人讨厌的物种，比如在你周围飞来飞去的家蝇（图6），或动物周围的厩螫（shì）蝇（图7）和牛虻（图8），或在分解物周围的反吐丽蝇（图9）、骚花蝇（图10），它们总是飞来飞去，嗡嗡作响。厩螫蝇和牛虻还会叮人。

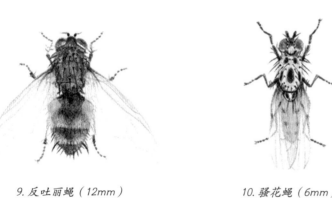

9. 反吐丽蝇（12mm）   10. 骚花蝇（6mm）

然而，有些物种对我们还是有用的，例如果蝇（图11）可以用于实验室中的遗传学研究；黑水虻（图14）的幼虫可以用于堆肥厂的废物吸收和分解。

有一些短角亚目的昆虫看起来像黄蜂或大黄蜂，比如黄腿食蚜蝇（图12）、短翅细腹食蚜蝇（图13）和黑水虻（图14）。但现在你知道了，如果它们只有两个翅膀，那就是双翅目了。

11. 果蝇（2mm）

13. 短翅细腹食蚜蝇（10mm）

12. 黄腿食蚜蝇（12mm）

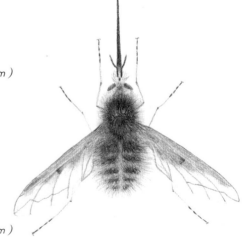

14. 黑水虻（17mm）   15. 大蜂虻（10mm）

鳞翅目

鳞翅目，是最容易识别的昆虫种类，包括我们通常所说的蛾和蝶。蛾的触角形状因种而异，静止时翅通常成屋脊状，在身体两侧水平伸展；而蝴蝶，静止时它们的翅膀通常相对于背部保持垂直位置，最重要的是，它们有棒状触角。

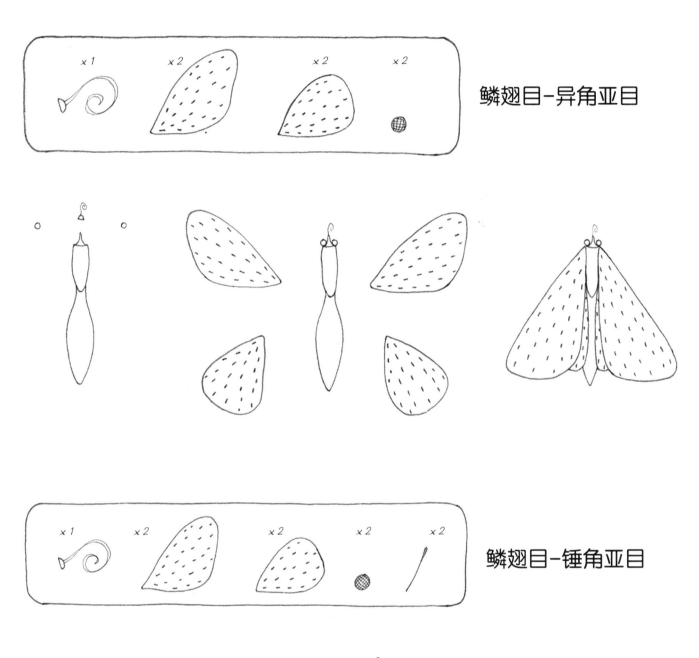

鳞翅目-异角亚目

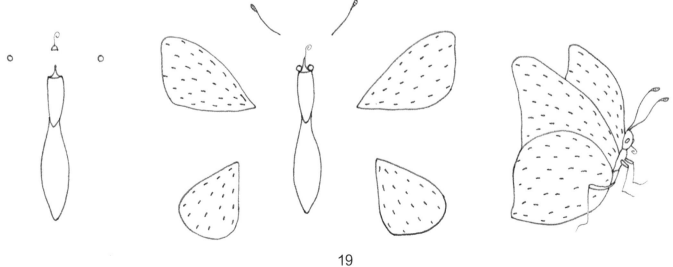

鳞翅目-锤角亚目

1. 冬尺蠖（huò）（27mm）♂　　　2. 荒尺蠖（30mm）　　　3. 光波姬尺蛾（22mm）　　　4. 蓝子木青尺蛾（50mm）

5. 尺蛾的毛虫

6. 异舟蛾属的毛虫 ⚠

7. 松异舟蛾（50mm）

8. 杨裳蛾（80mm）

9. 阿尔卑斯斑蛾（30mm）　　　10. 警纹地老虎（40mm）

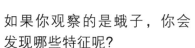

如果你观察的是蛾子，你会发现哪些特征呢？

首先从触角开始，看它们的触角有什么不同？它们的翅膀在静止时会闭合上吗？翅膀上有斑点还是条纹？

（注意：这些昆虫以毫米为单位的测量值指的是它们的翼展长度。）

要细心捕捉微小的信息，因为所有的信息对你都很有用。

例如，克鲁格鹿蛾（图11）与斐吉鹿蛾（图12）的区别之一在斑点上。克鲁格鹿蛾的翅膀上离身体最近的部位有一个大斑点，而斐吉鹿蛾离身体最近的部位是一个小斑点。

11. 克鲁格鹿蛾（35mm）

12. 斐吉鹿蛾（35mm）

13. 小豆长喙天蛾（45mm）

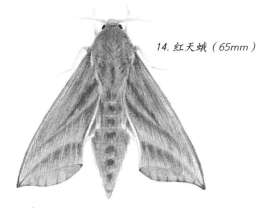

14. 红天蛾（65mm）

15. 帕翁大蚕蛾（68mm）♂

在成为成虫前它们的幼虫有些长得很有趣。比如尺蛾科的一些蛾类，如图1~4，它们的幼虫在爬行时就像个驼背的老太太。不过这些幼虫有的很危险，如异舟蛾属的毛虫（图6），它们的刺毛就是危险的，但那是为了保护它们自己。

来看看这些漂亮的锤角亚目吧，这些蝴蝶标本的颜色鲜艳而多样，就连画它们的过程都是一种享受。通常，蝴蝶的翅膀在打开时和在静止时是完全不一样的。图20、23、28、30、32是静止时的样子，当你在观察蝴蝶时，注意一下它们在静止时和飞行时的状态。

16. 阿波罗绢蝶（80mm）

17. 金凤蝶（75mm）

18. 红灰蝶（30mm）

19. 伊卡洛斯眼灰蝶（35mm）♂

20. 静止时的伊卡洛斯眼灰蝶

21. 暗脉菜粉蝶（42mm）

22. 艳后钩粉蝶（55mm）

23. 静止时的艳后钩粉蝶

24. 番红花豆粉蝶（48mm）

25. 娜红眼蝶（48mm）

26. 女亚毛眼蝶（50mm）

27. 孔雀蛱蝶（68mm）

29. 黄缘蝥蛱蝶（76mm）

31. 拉珠蛱蝶（50mm）

28. 静止时的孔雀蛱蝶

30. 静止时的黄缘蝥蛱蝶

32. 静止时的拉珠蛱蝶

鞘翅目

甲虫类都拥有咀嚼式口器，有些具有特殊尺寸的上颚，两个鞘翅形成一个强大的盔甲。当你在放大镜下观察它们时会不会觉得面对的是一名士兵？其实它只是一名属于鞘翅目的昆虫。

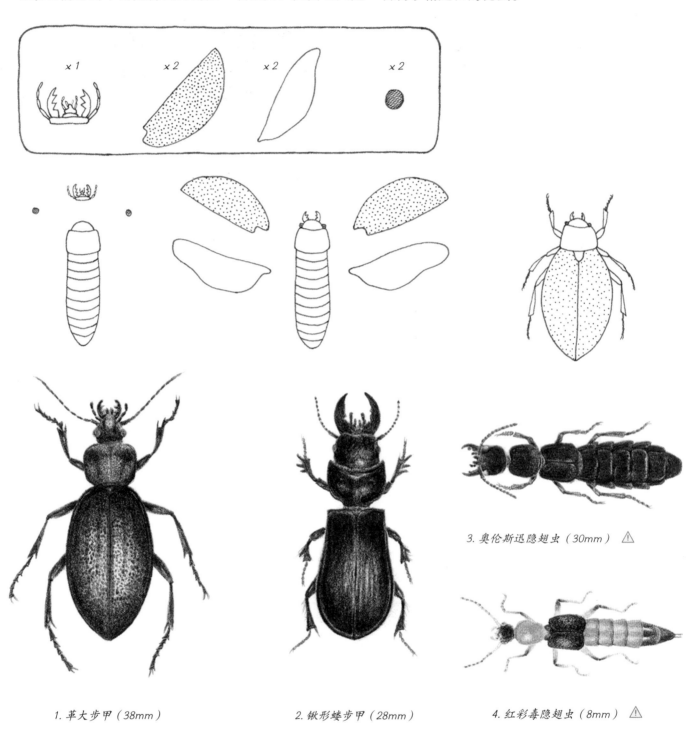

1. 革大步甲（38mm）

2. 锹形蝼步甲（28mm）

3. 奥伦斯迅隐翅虫（30mm）⚠

4. 红彩毒隐翅虫（8mm）⚠

现在我们一起来观察这些甲虫并把它们分类。其实每种甲虫都有非常明显的特征，它们除了具有相似的形状或相同的器官，也有明显的不同之处。

革大步甲（图1）和锹形蝼步甲（图2）的后翅没有膜质，所以它们不会飞，通常喜欢在夜间或黑暗的地方活动。

奥伦斯迅隐翅虫（图3）和红彩毒隐翅虫（图4）的鞘翅较短，没有覆盖整个腹部。要当心哦，毒隐翅虫是非常有侵略性的，它会咬人，还会引起烦人的皮肤过敏。

对了，有些芫菁科（图11）的甲虫也有较短的鞘翅。

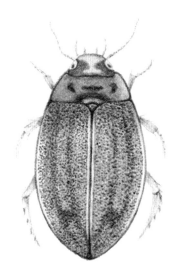

5. 小雀斑龙虱（12mm）

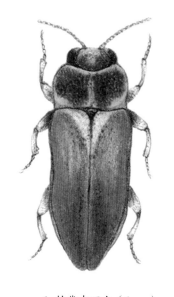

6. 桔背吉丁虫（7mm）

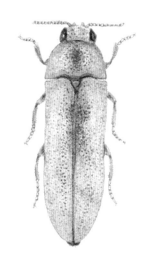

7. 金黄吉丁虫（6mm）

9. 意大利熠萤
的腹板

8. 意大利熠萤（8mm）♂

10. 金熠萤腹板

11. 曲角短翅芫菁（25mm）

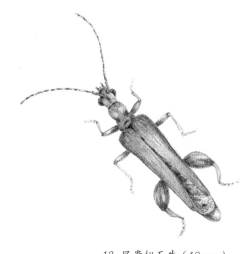

12. 显贵拟天牛（10mm）

13. 七星瓢虫（8mm）

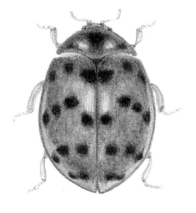

14. 二十四星瓢虫（5mm）

15. 十四星瓢虫（5mm）

16. 四斑月瓢虫（5mm）

我们来说一说龙虱（图5），它们生活在沟渠和死水里，有一对发达的能游泳的腿。

再说一说吉丁虫科（图6和7），它们通常形状细长，前胸背板覆盖了头部的一部分。

萤火虫能发出荧光的部位是腹部最后一段的腹板，那里有发光器，可发出荧光。注意看图9和图10的发光部位的区别。

如果你找到了一只瓢虫，你可以做什么？首先，记得数一数它们背部的斑点，一般斑点数量不同，代表它们的种类也不同。

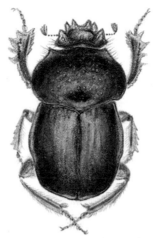

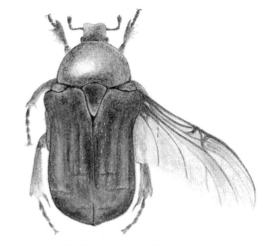

17. 陆寄居蟹嗡蜣螂（9mm）

18. 星扁蜣螂（28mm）

19. 金花金龟（28mm）

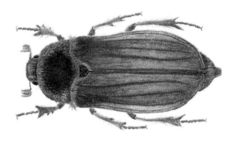

20. 角蛀犀金贵（48mm）♂

21. 大栗鳃金龟（30mm）

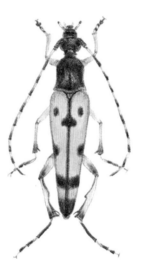

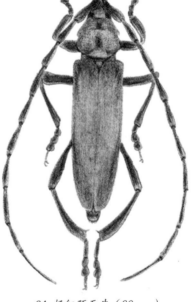

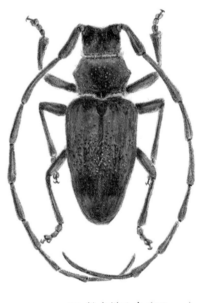

22. 栎黑天牛（50mm）

23. 斑花天牛（18mm）

24. 杨红颈天牛（30mm）

25. 糙皮模天牛（30mm）

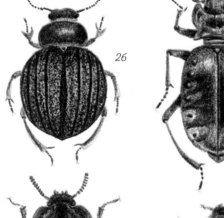

26

27

28

29

金龟科体壳坚硬，表面光滑，多有金属光泽。图17~21都属于金龟科。其中角蛀犀金龟（图20）属于比较大的金龟子。

天牛科（图22~25）的锥形躯体上有两根特殊的触角，有的种类的触角比躯体还长。

拟步甲科（图26~29）是一类很奇特的类群，它与其他类群的结构特征通常很像，所以很容易与其他类群混淆。昆虫学界有种说法：如果你不知道它是什么，那它就是拟步甲科！它们的鞘翅通常连接在一起，不能飞翔。

26. 重刻点漠甲（15mm）；27. 巴氏砚甲（20mm）；

28. 波氏菌甲（7mm）；29. 卵潜沙甲（4mm）

24

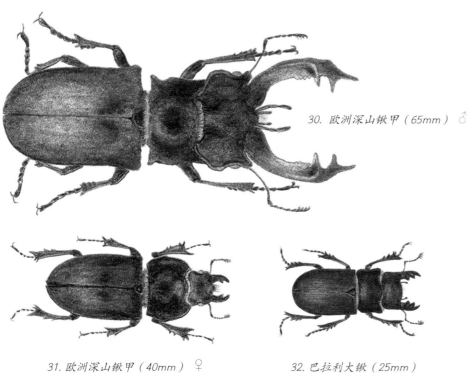

30. 欧洲深山锹甲（65mm）♂

锹甲是身体多为黑色或褐色的大形甲虫（图30~32）。它们的触角为膝状，但最具特点的是它们的雄性往往有夸张的上颚。在夏天的夜晚看到飞行的欧洲深山锹甲是一件世界上最美的事情，这时请不要打扰它，它正在寻找另一半呢。

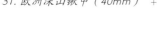

31. 欧洲深山锹甲（40mm）♀   32. 巴拉利大锹（25mm）

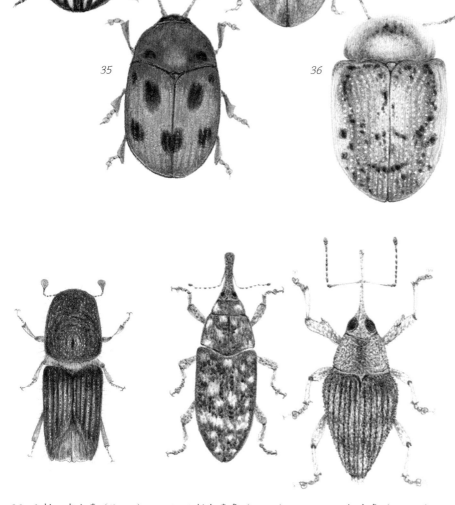

33. 马铃薯甲虫（11mm）

34. 彩虹宽肩叶甲（10mm）

35. 佛尼卡角胫叶甲（7mm）

36. 甜菜大龟甲（6mm）

你有没有见到过一个圆形且带有彩色甲壳的昆虫？它很可能就是叶甲（如图33~36）。这类甲虫看起来很漂亮，但无论是幼虫还是成虫，它们对农作物和植物都有害。

说到巨大的破坏，我们不得不说一下小蠹虫科（图37），它们是树木的侵略者，它们可以穿透树木的树皮，不管成虫还是幼虫都能在树上挖洞。

象甲科头部前面有特化成和象鼻一样长长的口器，使整个头部看起来怪怪的，如图38和39。

37. 云杉八齿小蠹（5mm）   38. 云杉木蠹象（8mm）   39. 栎实象（10mm）

膜翅目

膜翅目有两对翅膀：一对大的，一对小的。

膜翅目主要包括蜂、蚁类昆虫，口器一般为咀嚼式（见第4页），分为广腰亚目和细腰亚目。广腰亚目的腹基部与胸部相接处宽阔，没有变细；而细腰亚目的腹基部紧束成细腰状，我们称之为"黄蜂腰"。

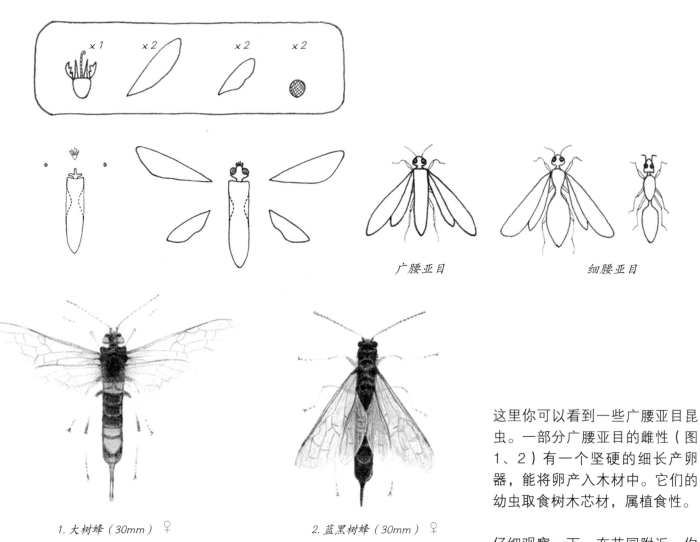

广腰亚目　　　　　　　　细腰亚目

1. 大树蜂（30mm）♀　　　　　　　2. 蓝黑树蜂（30mm）♀

这里你可以看到一些广腰亚目昆虫。一部分广腰亚目的雌性（图1、2）有一个坚硬的细长产卵器，能将卵产入木材中。它们的幼虫取食树木芯材，属植食性。

仔细观察一下，在花园附近，你可能会发现两只非常相似的广腰亚目：芜菁叶蜂（图4）和蔷薇三节叶蜂（图5）。

4. 芜菁叶蜂（8mm）

3. 欧洲松叶蜂（9mm）♂　　　　　　　　　6. 日耳曼麦叶蜂（9mm）

5. 蔷薇三节叶蜂的触角

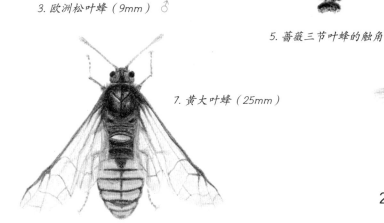

7. 黄大叶蜂（25mm）

8. 瑟阿锤角叶蜂（12mm）

9. 意大利蜜蜂工蜂（25mm） ♀ ⚠

10. 意大利蜜蜂蜂后（34mm） ♀ ⚠

11. 意大利蜜蜂雄蜂（26mm） ♂

12. 淡色熊蜂（22mm） ⚠

13. 堇菜木蜂（30mm） ⚠

大多数细腰亚目昆虫的刺都有毒，毒性或大或小。当它们感受到威胁时，会毫不犹豫地发起攻击，所以要小心。为了安全地观察，最好的办法是找一个已经死了的标本。

蜜蜂属、熊蜂属（图9~12）和胡蜂科（图14、15）中的大多数是社会性昆虫，它们的群体成员包括蜂后、雄蜂和工蜂。

在观察的时候你要记录昆虫的大小，观察它们腹部的双色调设计，不过盾青蜂（图18）是个例外，它有多种颜色。

14. 德国黄胡蜂 ⚠

15. 欧洲胡蜂（35mm） ⚠

16. 长角长须蜂（12mm） ♂

如果你观察的是长须蜂，你会发现只有雄性长须蜂（图16）才会有这么长的触角。

再来看看蚂蚁，它们有什么特点呢？你会发现婚飞时的繁殖蚁有翅膀，交配后翅膀脱落，工蚁没有翅膀。小心！有些蚁是有刺的，比如小红蚁工蚁（图23）；而有些会咬人，如黑弓背蚁（图24）。

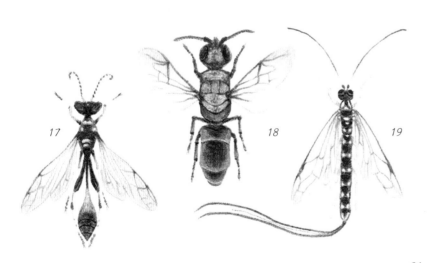

17

18

19

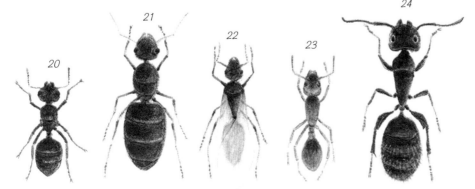

24

21

22

23

20

17. 黑黄壁泥蜂（30mm）

18. 盾青蜂（9mm）

19. 黑背皱背姬蜂（21mm） ♀

20. 黑毛蚁工蚁（4mm） ♀

21. 黑毛蚁蚁后（9mm） ♀

22. 黑毛蚁（5mm） ♂

23. 小红蚁工蚁（5mm） ♀ ⚠

24. 黑弓背蚁工蚁（14mm） ♀ ⚠

其他类昆虫

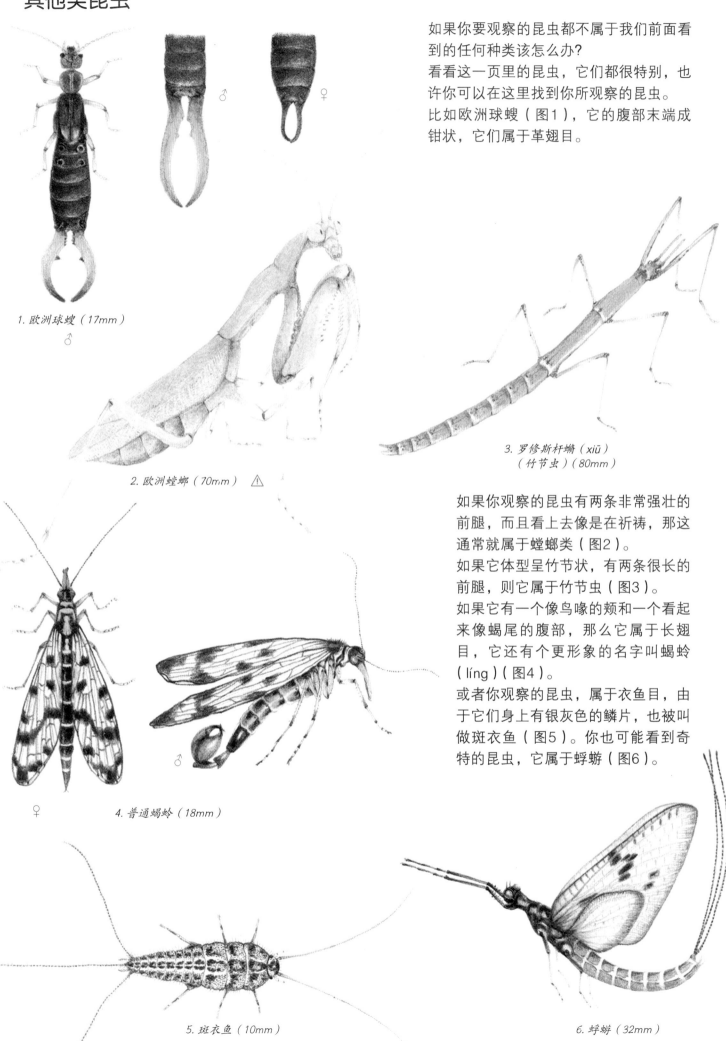

如果你要观察的昆虫都不属于我们前面看到的任何种类该怎么办？

看看这一页里的昆虫，它们都很特别，也许你可以在这里找到你所观察的昆虫。

比如欧洲球螋（图1），它的腹部末端成钳状，它们属于革翅目。

1. 欧洲球螋（17mm）
♂

2. 欧洲螳螂（70mm）

3. 罗修斯杆䗛（xiū）
（竹节虫）（80mm）

如果你观察的昆虫有两条非常强壮的前腿，而且看上去像是在祈祷，那这通常就属于螳螂类（图2）。

如果它体型呈竹节状，有两条很长的前腿，则它属于竹节虫（图3）。

如果它有一个像鸟喙的颊和一个看起来像蝎尾的腹部，那么它属于长翅目，它还有个更形象的名字叫蝎蛉（líng）（图4）。

或者你观察的昆虫，属于衣鱼目，由于它们身上有银灰色的鳞片，也被叫做斑衣鱼（图5）。你也可能看到奇特的昆虫，它属于蜉蝣（图6）。

4. 普通蝎蛉（18mm）

5. 斑衣鱼（10mm）

6. 蜉蝣（32mm）

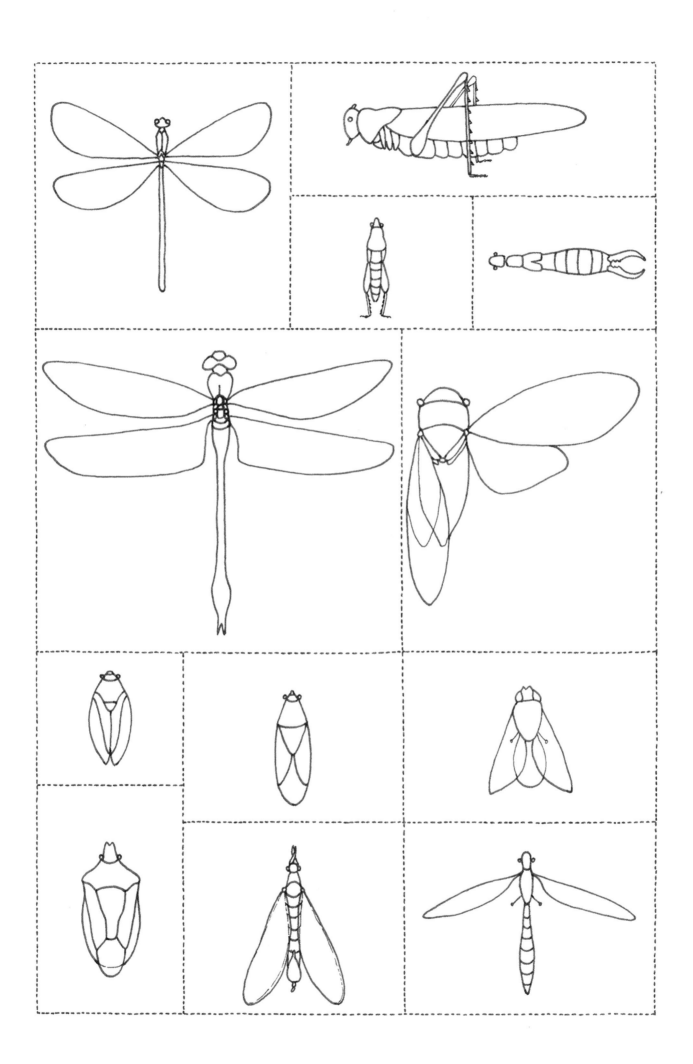

粘贴处

_____ 时间
_____ 地点

粘贴处

粘贴处

_____ 时间

_____ 地点

粘贴处

_____ 时间

_____ 地点

粘贴处

_____ 时间

_____ 地点

粘贴处

粘贴处

_____ 时间

_____ 地点

_____ 时间

_____ 地点

粘贴处

_____ 时间

_____ 地点

粘贴处

_____ 时间

_____ 地点

粘贴处

粘贴处

_____ 时间

_____ 地点

_____ 时间

_____ 地点

_____ 时间

_____ 地点

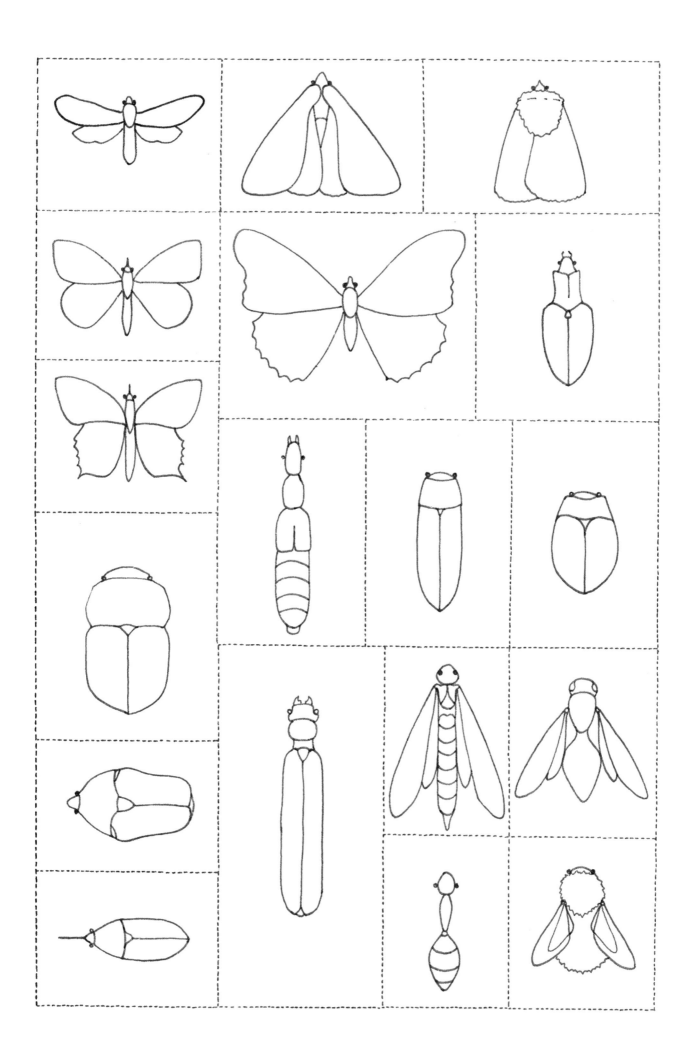

粘贴处

时间

地点

粘贴处

时间

地点

粘贴处

时间

地点

粘贴处

时间

地点

粘贴处

时间

地点

粘贴处

时间

地点

粘贴处

时间

粘贴处

时间

地点

粘贴处

时间

地点

粘贴处

时间

地点

粘贴处

时间

地点

粘贴处

时间

粘贴处

时间

地点

粘贴处

时间

地点

粘贴处

时间

地点

粘贴处

时间

地点

粘贴处

时间

地点

粘贴处

时间

地点